BEI GRIN MACHT SICH IHR WISSEN BEZAHLT

- Wir veröffentlichen Ihre Hausarbeit, Bachelor- und Masterarbeit

- Ihr eigenes eBook und Buch - weltweit in allen wichtigen Shops

- Verdienen Sie an jedem Verkauf

Jetzt bei www.GRIN.com hochladen und kostenlos publizieren

Bibliografische Information der Deutschen Nationalbibliothek:

Die Deutsche Bibliothek verzeichnet diese Publikation in der Deutschen National-
bibliografie; detaillierte bibliografische Daten sind im Internet über http://dnb.d-
nb.de/ abrufbar.

Impressum:

Copyright © 2016 GRIN Verlag
Druck und Bindung: Books on Demand GmbH, Norderstedt Germany
ISBN: 9783668681118

Dieses Buch bei GRIN:

https://www.grin.com/document/419371

Kristina Reinartz

Ein Unterrichtsentwurf im Kontext des Seminars "Planung und Analyse von Geographieunterricht". Meereswirtschaft in den Entwicklungsländern (8. Klasse Gymnasium)

GRIN Verlag

Lehrstuhl für Didaktik der Geographie

Seminar: Planung und Analyse von Geographieunterricht

Sommersemester 2016

Abgabetermin: 30. September 2016

Ein Unterrichtsentwurf im Kontext des Seminars „Planung und Analyse von Geographieunterricht"

Meereswirtschaft in den Entwicklungsländern

Eine Seminararbeit von:

Kristina Reinartz

8. Fachsemester Geographie (LA GYM)

Lehrende: Kristina Reinartz

Ausbildungsschule: XY

Datum/Stunde: XY, 10:15-11:00

Unterrichtsentwurf 8. Klasse Geographie

Thema der Unterrichtsstunde: Meereswirtschaft in den Entwicklungsländern

Reihe: Entwicklungsländer und ihre wirtschaftliche Verflechtung mit Europa

Anzahl der SuS: 26

Raum: Fachraum Geographie

Klassenlehrer/Mentor: XY

Inhaltsverzeichnis

1. Anmerkungen zur Lerngruppe

Bei der zu unterrichtenden Lerngruppe handelt es sich um 26 Schülerinnen und Schüler der achten Klasse eines Gymnasiums. Insgesamt machen Jungen den größeren Anteil der Klasse aus, dabei zeigt sich zwischen den Geschlechtern kein Unterschied im Engagement und Interesse während des Geographieunterrichts. Gelegentlich kommt es während des Frontalunterrichts zu kurzen Unruhen, die i.d.R. schnell abklingen. Zudem ist ein hoher Grad an Motivation notwendig, um die Schülerinnen und Schüler (SuS) v.a. bei Gruppenarbeiten etc. zu eigenständigem und kooperativem Lernen zu bewegen. Während anderer zuvorgehender Unterrichtseinheiten tauchte häufiger die Frage auf, inwiefern die Auseinandersetzung mit de jeweiligen Themen relevant für die Schüler ist, weshalb ein Schwerpunkt in dieser Stunde auf die Beantwortung dieser Frage gelenkt werden soll. Grundsätzlich

> zeigt sich [in dieser Jahrgangstufe] ein häufig uneinheitliches Bild bei den Jugendlichen. Entwicklungsunterschiede, insbesondere zwischen Mädchen und Jungen, werden sichtbar hinsichtlich Selbstständigkeit, körperlicher Entwicklung sowie emotionaler und sozialer Reife.

Diese Anmerkung des Staatsinstituts für Schulqualität und Bildungsforschung München (2004) trifft auch für die zu unterrichtende Lerngruppe zu. So lässt sich vor allem die mangelnde Bereitschaft für Gruppenarbeiten und anderen sozialen Aktivitäten auf Entwicklungsunterschiede zurückführen. Schwierig sind vor allem kooperative Aufgaben zwischen den Geschlechtern.

Anzumerken ist außerdem, dass der Geographieunterricht in der dritten Stunde, also nach der großen Pause stattfindet. Zwar wurden die Schülerinnen und Schüler bereits mehrmals darauf hingewiesen dem Unterricht pünktlich beizuwohnen, allerdings muss mit Störungen durch spät erscheinende Schülerinnen oder Schüler zu Beginn des Unterrichts gerechnet werden.

Der Geographieunterricht findet in einem entsprechenden Fachraum statt. Karten, Atlanten und weiteres Arbeitsmaterial wie Arbeitsbücher sind vorhanden, sodass die Schüler lediglich dazu angehalten sind, eine Arbeitsmappe bzw. Heft, Papier und Schreibmaterial mitzubringen.

2. Sachanalyse – Meereswirtschaft in den Entwicklungsländern – didaktisch reduziert

Neben der Plantagenwirtschaft, dem Feldbau und der Viehzucht auf dem Land, kommt auch dem Fischfang im Zusammenhang mit der Ernährungsfrage und Existenzgrundlage südländischer Völker eine wichtige Bedeutung zu. Jährlich werden laut Food and Ariculture Organization oft he United Nations (FAO) über 132 Millionen Tonnen Fisch konsumiert (GloboMeter o.J.). Greenfacts (2009) liefert in Anlehnung an die FAO den Hinweis, dass ungefähr 90% aller Fischprodukte aus den Ozeanen und Meeren stammen. Obwohl der meiste Konsum von Fisch auf asiatische Räume zurückzuführen ist, ist die Meereswirtschaft in den Entwicklungsländern auch im Zusammenhang mit Europa interessant, da dieses ebenfalls einen wirtschaftlichen Einfluss auf diese Thematik ausübt. Der Fisch und die handwerkliche Fischerei bedeuten für den globalen Süden nicht nur die Lebensgrundlage für Kleinfischer, sondern sie haben auch besondere Werte für Küstenbewohner und letztlich ganze Länder des Südens und seine Bewohner. So enthält Fisch beispielsweise „[...] nicht nur gesundes Eiweiß, sondern auch viele Nährstoffe, die in dieser Menge und Vielfalt weder in Getreide noch in anderen Pflanzen oder Fleisch vorkommen" (maribus 2013). Wichtige Inhaltsstoffe sind u.a. das fettarme Muskelfleisch mit bis zu 20% Eiweiß, ungesättigten Fettsäuren, Iod, Selen, sämtliche wichtigen Aminosäuren und vieles mehr (maribus 2013). Der ansteigende Fischverbrauch in den Industrienationen kann aufgrund des genügenden Fleischkonsums als Statussymbol betrachtet werden. Der Fisch ist durch seine enthaltenen Proteine, Aminosäuren und Vitamine in den Entwicklungsländern hingegen ein Grundnahrungsmittel und deckt sogar laut MARÍ (2012) für 2,6 Milliarden Menschen mindestens 20 Prozent des Bedarfs an tierischen Proteinen. Anders als Kleinfischern des Nordens, bleiben den Fischern der Entwicklungsländer wirtschaftsbedingt oft keine Alternativen als in die traditionellen Fußstapfen ihrer Vorfahren zu treten. Abgesehen von den Einflüssen der industriellen Fischerei, wäre dies kein Problem, da sich hinter dem Beruf des Kleinfischers viele weitere Arbeitsplätze z.B. im Bereich der Weiterverarbeitung und des Fischhandels bilden. So hängen viele Arbeitsplätze und somit Lebensgrundlagen anderer Küstenbewohner von der Kleinfischerei ab. Fair-fish (2014) bietet in diesem Zusammenhang einen Vergleich der Beschäftigten zwischen industriellem Fischfang und handwerklicher Fischerei. So kommen 24 Kleinfischer auf einen Beschäftigten eines kommerziell genutzten Trawlers.

„Um Menschen mit [den nötigen Nährstoffen] zu versorgen, hätte in der Vergangenheit mehr Geld in kommerzielle Tierhaltung gesteckt werden müssen [...]. Die Folge ist, dass billiges Fleisch aus Industrie- und Schwellenländern heute viele afrikanische Kleinbauern aus dem Markt drängt." (MARÍ 2012) Kleinbauern, welche nur selten auf den Rückhalt ihrer nationalen Regierungen hoffen können, welche an der Armutsgrenze leben und welche zunehmend negativen menschlichen Einflüssen ausgesetzt sind (Landgrabbing, Bürgerkriege, Bevölkerungszuwachs, Raub, etc.), könnten außerdem den Bedarf an Nährstoffen, den der Fisch normalerweise für die eigene Bevölkerung mit sich bringt, nicht decken (MENSE 2001).

Überfischung ist ein Thema, welches sich schon seit mehreren Jahren durch die Medien bewegt. Leider kommt dabei ein wenig die Auseinandersetzung mit den Folgen des industriellen Fischfangs auf die traditionellen Kleinfischer der Entwicklungsländer zu kurz. Es braucht keine Belege, um zu beweisen, dass die Nachfrage in den Industrieländern nach Fisch zu explodieren scheint. In Städten, in denen man vor ein paar Jahren mit dem Begriff „Sushi" noch nichts anfangen konnte, finden sich heute an jeder Ecke entsprechende Restaurants. Keine Seltenheit sind Angebote asiatischer Restaurants, bei denen man sich an Theken mit verschiedensten Meeresgütern für kaum mehr als 15 Euro sattessen kann. Dem wirtschaftlichen Wandel unterliegt auch die Nachfrage nach Fisch und somit steigt auch die Intensität an kapitalistischen Fangtechniken der industriellen Fangflotten. Schwimmende „Fabriken" fangen bereits auf offener See über Wochen enorme Mengen an Meeresgut ab, welches sonst die Netze der Kleinfischer täglich hätte füllen können. So bleiben diese zunehmend leer und die Existenz der Kleinfischer wird gefährdet (HAINZL o.J.). ERBRICH (2012) macht bei Greenpeace deutlich, dass Fabrikschiffe rund 300 Tonnen Fisch fangen und verarbeiten können. Für diese Arbeit benötigte die Handwerksfischerei mit 30 bis 40 Fischerbooten bis zu ein Jahr. Auch wegen der zunehmenden Urbanisierung, Industrialisierung und Zuwanderung an den Küstenregionen erfahren die Kleinfischer eine große Beeinträchtigung zum Zugang zu den Küstengewässern. Folge sind ihrerseits intensivere und weniger nachhaltige Fangmethoden (O'RIORDAN 2011). Eine weitere Folge ist die Landflucht. „Dabei entfällt traditionelle Subsistenzwirtschaft als Lebensgrundlage ganzer Familien – und muss durch Erwerbsarbeit ersetzt werden, die oft nur für den Erhalt einer einzelnen Person reicht." (HAINZL o.J.) Viele Kleinfischer ziehen so mit ihren großen Familien in Großstädte, welche zunehmend überfüllt werden.

Die ansteigende Nachfrage nach Fisch bedeutet auch steigende Weltmarktpreise, sodass sich gerade arme Völker keinen gesunden Fisch mehr leisten können. Die eigentliche Lebensgrundlage und Nahrungsquelle der Völker der Entwicklungsländer ist somit zu einem Luxusprodukt der industriellen Gesellschaft geworden. Das Problem der ungleichen Verteilung und der hungernden Bevölkerung südlicher Länder wird folglich immer größer (MARÍ 2012). Generell erzeugen die Kleinfischer der Entwicklungsländer jedoch in etwa genauso viel für den menschlichen Verzehr wie die industrielle Fischerei. Im Gegensatz zu den industriellen Fangflotten benötigen Kleinfischer jedoch über fünfmal weniger Energie für schädliche Treibstoffe. Dennoch werden jene der industriellen Fischerei um ein vielfaches höher subventioniert (Fair-fish 2014). Bisher scheint diese Problematik auf Wissenschaft und Forschung begrenzt. Dabei liegt der Ursprung dessen – nämlich die immer weiter ansteigende Nachfrage in den Industriestaaten - auf der Hand. Um den Kleinfischern ihre Lebensgrundlage zu sichern, ist es daher von Nöten, jeden einzelnen Verbraucher über das Problem aufzuklären und im medialen Bereich tätig zu werden. Das Konsumverhalten jedes Einzelnen bestimmt folglich die Auswirkungen auf das Leiden der ärmsten Völker der Erde.

3. Didaktische Analyse

3.1 Lehrplanbezug und Einordnung der Stunde in die Unterrichtseinheit

Meereswirtschaft in den Entwicklungsländern. Dieses Thema bildet ein konkretes Beispiel zum Kapitel *Entwicklungsländer und ihre wirtschaftliche Verflechtung mit Europa*, welches es laut Staatsinstitut für Schulqualität und Bildungsforschung München (2004) an bayrischen Schulen in der achten Klasse zu unterrichten gilt. Wie in der Sachanalyse ersichtlich wird, stellt sich bei diesem spezifischen Thema der Einfluss Europas auf die Entwicklungsländer deutlich heraus. Der gesamten Unterrichtseinheit werden ungefähr 6 Stunden zugeschrieben. Dabei soll die folgende Unterrichtsstunde mittels des genannten Beispiels die Einführung der recht kurzen Gesamteinheit darstellen. Zugunsten anderer Fächer ist es keine Seltenheit, dass der Geographieunterricht im Umfang von zwei Stunden in der Woche aufgeteilt wird, weshalb sich auch der folgende Unterrichtsentwurf auf 45 Minuten beschränken soll. Ausgehend von „fächerverknüpfenden und fächerübergreifenden Unterrichtsvorhaben" der Jahrgangsstufe 8, die das Staatsinstitut für Schulqualität und Bildungsforschung München (2004) vorschlägt, eignet sich diese Unterrichtsstunde vor allem für Themen wie *Verantwortung für die Natur* oder *Lebensraum Wasser*. Denn neben dem Einfluss, den europäische Länder auf Kleinfischerbetriebe nehmen, werden auch marine Lebenswelten durch Überfischung gefährdet. Diese Problematik lässt sich am Ende der Unterrichtseinheit oder auch in Form eines Projektes genauer erarbeiten. Vom Thema *Meereswirtschaft in den Entwicklungsländern* ausgehend wird in induktiver Form (vgl. RIEHME 1986, S.91-94) zur allgemeinen Problematik herangeführt und somit folgende Punkte erarbeitet:

> Armut und Reichtum: Indikatoren für unterschiedliche Entwicklungsstände, globale räumliche Verteilung und Merkmale [und] Folgen wirtschaftlicher Verflechtungen zwischen Europa und den Entwicklungsländern, Arbeitsteilung, Handelsströme, Entwicklungszusammenarbeit (Staatsinstitut für Schulqualität und Bildungsforschung München 2004).

In der Didaktik wird bisweilen immer wieder diskutiert, welches Verfahren sich für den Geographieunterricht am besten eignet. Die induktive Methode wird an dieser Stelle gewählt, da die Klasse zu kooperativem Lernen motiviert werden soll und durch die Induktion ein entdeckendes selbstständiges Arbeiten schnell erreicht werden kann. Auch zeigt sich der Vorteil dieser Methode darin, dass „die neue Erkenntnis nicht vorweggenommen [wird], sondern spannungssteigernd erst durch den Lernprozess [zustande kommt]" (KESTLER 2005, S. 224).

3.2 Gesellschaftsrelevanz

Da es sich beim Thema *Meereswirtschaft in den Entwicklungsländern* nur um ein konkretes Beispiel von vielen Problematiken handelt, die mit dem Nord-Süd-Gefälle einhergehen, soll im Folgenden vor allem die Relevanz herausgestellt werden, die sich für die Gesellschaft mit eben diesem Gefälle ergibt. Zunächst handelt es sich bei den enormen Differenzen von armen und reichen Ländern um ein moralisches Problem. Die Relevanz des Themas für die Gesellschaft ergibt sich also hauptsächlich aus dem Thema selbst und den Folgen, die sich aus den Handlungen der Industrienationen ergeben. Vor allem in modernen Ländern wie Deutschland, die sich zunehmend mit Nachhaltigkeit, Klimaschutz und anderen Themen auseinandersetzen, sollte es ein Interesse darstellen, auch in der Entwicklungshilfe tätig zu werden. Die Menschen der westlichen Welt müssen sich über ihr und das Verhalten ihrer Vorfahren bewusst werden und unterstützend einschreiten. Dabei kommt vor allem dem Geographieunterricht eine große Bedeutung zu, der die Aufgabe hat, Schülerinnen und Schüler zu verantwortungsbewusst handelnden Erwachsenen zu erziehen. Im konkreten Fall der Meereswirtschaft stehen nicht nur moralische Probleme im Vordergrund. Probleme, die sich in Zukunft auch für westliche Staaten durchaus ergeben, sind jene, die mit der Überfischung einhergehen. Werden die Meere vor den Küsten Südafrikas und diverser anderer Länder weiterhin mittels riesiger Industrietrawler überfischt und werden dadurch auch die Kleinfischer zu drastischeren Maßnahmen getrieben, stellen marine Produkte bald eine Seltenheit, auch für westliche Länder, dar. Proteinreiche und gesunde Nahrungsmittel werden zunehmend teurer. Es stellt also nicht nur für die Kleinfischer vor Ort selbst einen großen Vorteil dar, durch reichere Länder unterstützt zu werden. Dabei steht zunächst nicht die Entwicklungshilfe, sondern das eigene Handeln der Industrienationen im Vordergrund.

3.3 Schülerrelevanz

Die Schülerinnen und Schüler der achten Klasse befinden sich in einem Alter, in dem sich ihre moralischen Urteile herauskristallisieren. Sie fangen an, sich für Themen zu interessieren, die sie ein Leben lang begleiten und beschäftigen werden. Wie bereits in der Analyse zur Gesellschaftsrelevanz herausgestellt wurde, ist es wichtig, Schülerinnen und Schüler zu verantwortungsvollen Heranwachsenden zu erziehen. In einer Phase der Identitätsbildung ist diese Tatsache von enormer Relevanz. Die Schülerinnen und Schüler müssen erkennen, dass ihr eigenes Handeln direkten Einfluss auf das Leben der ärmsten Völker dieser Welt nimmt. Sie befinden sich auf dem Weg zur Selbstständigkeit und können unabhängig ihrer Eltern oder Familie entscheiden, auf welche Produkte sie zurückgreifen. Sie können selbst einen Teil dazu beitragen, der Überfischung und der Ausbeutung der Kleinfischer entgegenzuwirken, indem sie sich beispielsweise beim Kauf verschiedener mariner Produkte nach entsprechenden Zertifikaten richten oder sich an der Fischtheke informieren. Sie handeln dabei nicht nur aus moralischen Gründen, sondern tragen zudem dazu bei, auch nachfolgenden Generationen in den Genuss mariner nahrhafter Produkte zu bringen.

3.4 Fachrelevanz

Das Thema rund um die Benachteiligung der Entwicklungsländer und den Einfluss Europas ist in den Fachbereich der Kulturgeographie zu ordnen. Die Relevanz des Themas Meereswirtschaft in den Entwicklungsländern ergibt sich als konkretes Beispiel aus dem Lehrplan der Geographie. Grundsätzlich bietet dieses Beispiel allerdings auch die Möglichkeit, ein interdisziplinares Vorhaben durchzusetzen. So stellt das Nord-Süd-Gefälle und somit auch das Leben der Kleinfischer in den Entwicklungsländern ein moralisches Problem dar, welches ebenfalls in Fächern wie Sozialkunde oder Ethik thematisiert werden kann. Um wirtschaftliche Zusammenhänge tiefgreifend verstehen zu können bietet sich zudem eine Zusammenarbeit mit dem Fach Politik an. Politische Entscheidungen, die in Europa bzw. Deutschland getroffen werden, nehmen dabei direkten Einfluss auf das Leben der Kleinfischer an den Küsten des Südens.

3.5 Lernziele

Das übergeordnete Lernziel der Unterrichtseinheit beziehungsweise die zu erreichenden Kompetenzen formuliert das Staatsinstitut für Schulqualität und Bildungsforschung München (2004) folgendermaßen:

> Die Schüler erkennen verschiedene Erscheinungsformen, Gründe und Folgen des Nord-Süd-Gefälles. Dabei wird die Bereitschaft gefördert, sich für eine Entwicklungszusammenarbeit einzusetzen

Die folgende Unterrichtsstunde soll an diese Erkenntnisse heranführen. Dabei lernen die Schülerinnen und Schüler die Gründe und Folgen des Nord-Süd-Gefälles am Beispiel der Meereswirtschaft kennen. Sie lernen nicht nur die ökologischen Folgen großer Fangflotten kennen, sondern gewinnen vor allem einen Einblick in das Leben der Kleinfischer, das durch den Eingriff der Industrienationen wesentlich beeinträchtigt wird. Sie lernen zudem die Vorteile kennen, die Kleinfischereibetriebe vor Ort mit sich bringen. Entsprechend methodischer Überlegungen lernen die Schülerinnen und Schüler darüber hinaus kooperativ und eigenständig zu arbeiten. Zudem erlangen die Lernenden ein Gefühl der Selbstbetroffenheit angesichts der problematischen Lage von Kleinfischereibetrieben in südlichen Ländern. Darüber hinaus dient die grundlegende Methode der Unterrichtsstunde, die im folgenden dargestellt wird, der Förderung der Analysefertigkeiten der Schüler. Sie üben sich während dieser Methode im vernetzten Denken und erlernen mittels sachlicher Informationsquellen logische Zusammenhänge zu erkennen. Diese Form der Elaboration sorgt zudem dafür, dass das erworbene Wissen zu späteren Zeitpunkten schneller wieder abgerufen werden kann (vgl. WOOLFORK HOY & SCHÖNPFLUG 2008, S. 325)

4. Methodische Analyse

Wie bereits im Kontext der Einordnung der Stunde ersichtlich wurde, soll die Unterrichtseinheit durch das konkrete Beispiel Meereswirtschaft in den Entwicklungsländern in induktiver Form eingeleitet werden. Dabei sollen die Schülerinnen und Schüler nach einer kurzen Einführung selbstständig in Gruppen arbeiten. Die Dauer der Methode benötigt insgesamt zwei Unterrichtseinheiten, weshalb in der folgenden Unterrichtsdarlegung zwar der Fokus auf die 45 minütige Unterrichtsstunde gelegt werden soll, dennoch eine Aufklärung darüber folgen wird, wie die darauffolgende Unterrichtstunde zu gestalten ist. Das Unterrichtsvorhaben beschränkt sich auf die *Mystery-Methode*. Bevor die einzelnen Schritte der ersten Lektion dargestellt werden, kommt es zuvor zur einer Beschreibung der Methode.

> Ein Mystery ist eine Lernform, die vernetztes Denken fördert mit dem Ziel, komplexe Zusammenhänge [des] Alltags zu erfassen und zu reflektieren. Mysterys unterstützen ein problemorientiertes Lernen: Die Lernenden aktivieren ihr Vorwissen und ihre eigenen Erfahrungen, erschließen sich neue Informationsquellen, suchen Zusammenhänge und versuchen, Schlussfolgerungen zu ziehen (FRANKHAUSER 2014, S. 3).

Im ersten Schritt werden die Schülerinnen und Schüler über die Vorgehensweise der Methode aufgeklärt. Sie erhalten sämtliche Informationen über den weiteren Ablauf der Unterrichtsstunde. Die Lehrkraft präsentiert anschließend eine Geschichte (vgl. MEYER 2015, S.168f.) zum Thema *Meereswirtschaft in den Entwicklungsländern*. Dabei handelt es sich um Folgende:

Ein kleines Mädchen läuft an die Küste zum Strand. Sie hat einen Beutel dabei, indem sich eine Flasche halb voll Milch befindet. Außerdem hat sie eine kleine Blechdose dabei, diese beinhaltet ein wenig Reis. Als sie an einer kleinen Hütte ankommt, vor dem viele kleine Boote an einem Steg anliegen, umarmt sie mit einem Lachen einen älteren Mann. Es ist Ihr Großvater Badou Ndoye. Er erinnert sich an alte Zeiten: „1989, wenn das Meer ruhig war, wie heute, da sah man wirklich viel Fisch, wenn es Nacht wurde, kamen noch mehr Fische", sagt er zu seiner Enkelin. Er freut sich über seine Mahlzeit, immerhin hat er heute trotz schwerer Arbeit noch nichts gegessen. Er sehnt sich jedoch nach den alten Zeiten, als seine Tochter an den Strand kam, um sich von seinem frischen Fang satt zu essen.

Nachdem die Lehrkraft diese Geschichte vorgetragen hat und zudem mittels Dokumentenkamera der Klasse auch während der Gruppenarbeit weiterhin zur Verfügung stellt, wird die Leitfrage an der Tafel notiert: Weshalb muss Badou Ndoye, ein Fischer in Südafrika, mit seiner Familie in die Stadt abwandern, wenn Schweinebauer Thorsten Krüger seine Schweine mit Kraftfutter mästet?

Da die Klasse Gruppenarbeiten eher negativ entgegensieht und das Bilden von Gruppen recht schwierig verläuft, zählt die Lehrkraft die Gruppen aus. Dabei entstehen insgesamt sieben Gruppen mit jeweils 4-5 Schülern. Bevor sich die Schüler allerdings in Gruppen zusammenfinden, sollen sie zunächst in Einzelarbeit kurz ihre eigenen Vermutungen notieren. Dazu erhalten Sie ein Arbeitsblatt (Journal), das sie im Verlauf der Gruppenarbeit und schließlich in der folgenden Unterrichtsstunde ausfüllen sollen. Ziel ist es nun, die Lösung der Leitfrage möglichst schnell durch Rekonstruktion verschiedener Hinweise zu einem Ganzen, herauszufinden. Entsprechende Hinweise (etwa 20 Stück) werden jeder Gruppe in einem Umschlag überreicht. Zudem erhalten sie Plakate auf denen sie die verschiedenen Hinweise verknüpfen und ordnen können. Alle Schülerinnen und Schüler erhalten dabei die Information, die Gruppenergebnisse in einer anschließenden Stunde vorzustellen.

Grundsätzlich sollen die Schülerinnen und Schüler mittels der ihnen zur Verfügung gestellten Hinweise erkennen, dass die Meere vor den Küsten der Entwicklungsländer meist bereits auf hoher See von riesigen Industriefangflotten leergefischt werden. Kleinfischer haben immer größere Mühe, ihre Netze zu füllen. Dabei nehmen sie oft tagelange gefährliche Reisen auf hoher See in Kauf. Die immer größere Nachfrage nach Fisch und seinen Erzeugnissen in den Industrieländern reizt den marinen Wirtschaftssektor zu maßlosen Erträgen. Dabei wird der Fisch nur bedingt zum direkten Verbrauch gefangen, er wird vor allem auch als Kraftfutter für Masttiere des Nordens und in Aquakulturen eingesetzt. Die Nahrungsgrundlage der Kleinfischer entfällt zugunsten der Tierfütterung in den Industrienationen – ein moralisches Dilemma. Viele Kleinfischer haben keine andere Wahl als mit ihrer Familie auf engstem Wohnraum in die Stadt zu ziehen, um sich dort mit einfachen Tätigkeiten über Wasser zu halten. Dabei spitzt sich die Armut nicht selten weiter zu. Damit alle Familienmitglieder weiterhin ernährt werden können, müssen auch Kinder bereits früh arbeiten gehen. Kriminalität und Drogenmissbrauch treten nicht selten begleitend hinzu.

In der darauffolgenden Unterrichtsstunde folgt wie beschrieben die Ergebnispräsentation und – diskussion. „Hierbei können zunächst zwei Gruppen gewählt werden, deren Ergebnisse sich deutlich unterscheiden. Rückfragen sollten eine genaue Darstellung der Zusammenhänge einfordern" (MEYER, 2015, S.168). In einer letzten Phase sollen die Schülerinnen und Schüler ihren Lernprozess reflektieren und Lerneffekte herausstellen. An dieser Stelle setzen sich die Lernenden kritisch mit ihrer Problemlösestrategie auseinander (vgl. MEYER 2015, S. 168).

5. Verlaufsplan

Klasse: 8

Lehrkraft: Kristina Reinartz

Unterrichtseinheit: Entwicklungsländer und ihre wirtschaftliche Verflechtung mit Europa

Thema der nachfolgenden Stunde: Fortsetzung

Thema der Stunde: Meereswirtschaft in den Entwicklungsländern

Kompetenzerwartungen: SuS erkennen, dass das Wirtschaften europäischer Länder und anderer Industrienationen einen direkten Einfluss auf die Kleinfischer in den Entwicklungsländern nehmen und können einzelne Informationen logisch miteinander verbinden.

Zeit	Lerninhalte	Unterrichtsverlauf	Methoden	Medien
5 Min	Einführung	• LK erklärt den SuS den Verlauf der Unterrichtsstunde und was ein Mystery ist	LV	
5 Min	Einführung	• LK stellt die Mysteriegeschichte vor • LK stellt die Leitfrage des Mysterys vor	LV	Dokumentenkamera Tafel
5 MIn		• LK verteilt Mystery-Journal • SuS notieren erste Vermutungen	EA	ABB
5 MIn	Vorbereitung der Gruppenarbeit	• Lehrkraft teilt die Klasse in Gruppen ein • SuS finden sich zusammen • LK verteilt Plakate		Plakate Hinweise

		<ul><li>LK verteilt Hinweise für Mystery</li><li>LK informiert SuS darüber, dass die Ergebnisse in einer kommenden Stunde vorgestellt werden sollen</li></ul>		
23 Min	Erarbeitung	<ul><li>SuS erarbeiten anhand der Hinweise mögliche Lösungen für das Mystery</li><li>SuS halten ihre Ergebnisse auf dem Plakat fest</li></ul>	GA	Plakate Hinweise Dokumentenkamera
2 Min	Schluss	<ul><li>LK verarbschiedet die SuS und bittet die bisherigen Ergebnisse auf dem Lehrertisch abzulegen</li></ul>	LV	

6. Literaturverzeichnis

ERBRICH, M. (2012): Greenpeace gegen Überfischung unterwegs im Senegal. URL:
http://www.greenpeace.de/themen/meere/fischerei/greenpeace-gegen-
ueberfischung-unterwegs-im-senegal (12. Mai 2016).

FAO (2015): World fish trade to set new records. URL:
http://www.fao.org/news/story/en/item/214442/icode/ (12. Mai 2016).

Fair-fish (2014): Fish-facts 17: Fisch für alle ohne Industrie. Zürich.

FRANKHAUSER, U. (2014): Mystery – Family Farming. Bern. URL:
http://www.education21.ch/sites/default/files/uploads/ventuno_d/4/Mystery_land
w_D.pdf (27.09.2016).

GloboMeter (o.J.): Fischkonsum weltweit. URL:
http://de.globometer.com/biodiversitaet-fischkonsum.php (12. Mai 2016).

Greenfacts (2009): Fischerei. Aktuelle Daten. URL:
http://www.greenfacts.org/de/fischerei/ (12. Mai 2016).

HAINZL, M. (o.J.): Industrieller Fischfang und gesellschaftliche Veränderung. URL:
http://www.nomadearth.com/2011/08/18/industrieller-fischfang-und-
gesellschaftliche-veranderung/ (12. Mai 2016).

KESTLER, F. (2015): Einführung in die Didaktik des Geographieunterrichts Grundlagen
der Geographiedidaktik einschließlich ihrer Bezugswissenschaften. Heilbrunn.

Maribus (2013): Von Fischen und Menschen. Das gute im Fisch. World ocean review
(2): 38-41.

MARÍ, F. (2012): Das Drama der weltweiten Überfischung. URL:
http://www.dandc.eu/de/article/die-weltweiten-fischbestaende- schrumpfen-
schnell-kuestenbewohner-von-entwicklungslaendern (12. Mai 2016).

MENSE, U. (2001): Viehzucht und Nahrungsmittelsicherheit in Afrika jenseits
industrieller Tierproduktion. Tierproduktion aus Sicht der Entwicklungsländer.
URL: http://www.deutschlandfunk.de/viehzucht-und-nahrungsmittelsicherheit-in-
afrika- jenseits.697.de.html?dram:article_id=72494 (12. Mai 2016).

MEYER, C. (2015): Mysterys. In: REINFRIED, S. & H. HAUBRACH (Hrsg): Geographie
unterrichten lernen. Berlin.

O'RIORDAN, B. (2011): Die Kleinfischer bevorzugen. URL: http://emedhan.bib.uni-
erlangen.de/han/101595/www.welt- sichten.org/artikel/766/die-kleinfischer-
bevorzugen (12. Mai 2016).

RIEHME, J. (1986): Grammatik/Orthographie. Zur Theorie und Praxis des Unterrichts.
Berlin.

Staatsinsitut für Schulqualität und Bildungsforschung München (2004): Geographie.
URL: http://www.isb-gym8-
lehrplan.de/contentserv/3.1.neu/g8.de/index.php?StoryID=26283 (29.09.2016).

WOOLFOLK, H. & U. SCHÖNPFLUG (2008): Pädagogische Psychologie. Berlin.

BEI GRIN MACHT SICH IHR WISSEN BEZAHLT

- Wir veröffentlichen Ihre Hausarbeit,
  Bachelor- und Masterarbeit

- Ihr eigenes eBook und Buch -
  weltweit in allen wichtigen Shops

- Verdienen Sie an jedem Verkauf

Jetzt bei www.GRIN.com hochladen
und kostenlos publizieren